我的超级科学探索书

U0685193

科技之谜

纸上魔方◎编写

北方妇女儿童出版社

图书在版编目(CIP)数据

科技之谜 / 纸上魔方编写. -- 长春 ：北方
妇女儿童出版社，2013.1（2019.4 重印）
（我的超级科学探索书）
ISBN 978-7-5385-7175-2

Ⅰ．①科… Ⅱ．①纸… Ⅲ．①科学技术－青年读物
②科学技术－少年读物 Ⅳ．①N49

中国版本图书馆CIP数据核字(2012)第285740号

科技之谜

出 版 人	李文学	
策 划 人	师晓晖	
编　　写	纸上魔方	
责任编辑	张 力	
开　　本	170mm×240mm	1/16
印　　张	8	
字　　数	120千	
版　　次	2013年1月第1版	
印　　次	2019年4月第3次印刷	

出　　版	北方妇女儿童出版社
发　　行	北方妇女儿童出版社
地　　址	吉林省长春市人民大街4646号
	邮编：130021
电　　话	编辑部：0431-86037964
	发行部：0431-85640624
网　　址	http://www.bfes.com
印　　刷	天津海德伟业印务有限公司

ISBN 978-7-5385-7175-2　　　　　　定价：23.80元

目录

自来水是哪里来的

居住在城市的小朋友们，最熟悉的莫过于家里的自来水了，每当我们打开水龙头，自来水便会哗哗地流出来，给我们的生活带来很多便利。那么自来水是如何流进千家万户的呢？正确的答案是从自来水厂送来的，而自来水厂的水是从江河湖泊或地底下抽取来的。

人类自从兴建了城市，就开始了铺

设自来水管道的尝试，这样做不仅仅是为了方便生活，也是为了饮水的洁净和安全。和从前人们直接饮用江河湖泊里的水、地表水或地下井水相比，这可以说是人类饮水史上的一次伟大的革命。

因为自来水来源于地表水和地下水，卫生达不到饮用水标准，所以自来水厂必须经过一系列的处理，比如运用沉淀、过滤、消毒等方法，使自来水达到洁净的饮用标准后才能供给人们饮用。为了给我们提供洁净的水，自来水厂的工人们先用抽水机把河里、湖里、井里的水抽上来后，将它们引流到一个大蓄水池里，然后在水里放入明矾，当明矾溶解到水里后，迅速与水里的泥沙和脏东西混合，并一同沉到水底。然后，再让这些水流到滤水池里，此时滤水池里早就铺好了干净的石砾、细沙或炉渣，当水经过时，水中沉淀下来的杂质就留下了，经过这些处理，水就变得非常洁净了。

但这些水里还含有许多我们肉眼看不到的细菌，为了消灭细菌，水厂的工作人员又在水里放了一些

氯气，因为氯气可以把细菌杀死，这样水就完全干净了。经过过滤、沉淀、消毒的水，再由自来水厂送进水塔和贮水箱，或通过很大的出水管输送到外边。而水厂的大出水管连着埋在地下的自来水管网，这些水管又连接着千家万户的水龙头。这样，自来水就经过自来水厂多次的加工和处理之后来到我们身边了。尽管自来水经过水厂的沉淀、过滤和消毒，但没能达到直接饮用的标准，我们喝之前，还必须先把自来水烧开方可饮用。

你知道吗?

最安全的自来水消毒法

现在最常用的自来水消毒法是氯气消毒法。原因是这种消毒法效果要比我们以前传统采用的漂白粉消毒效果更好。现如今，消毒剂除氯气外，还有二氧化氯，臭氧。其实，氯气用于自来水消毒还存在一定的弊端。尽管目前世界上安全的自来水消毒方法是臭氧消毒，但用这种方法消毒的费用太昂贵，而且经过臭氧处理过的水，它的保留时间也是有限的，到底能保留多长时间，到目前为止还没有一个确切的答案。所以现在只有少数的发达国家才使用这种臭氧消毒处理方法。

你知道吗?

盥洗池的下水管为什么是弯的

大家都知道，家里用的洗手池下面的水管有一段弯曲的部分，公共场所盥洗池的下水管也是用的同样的弯管，那为什么用弯的呢? 这是因为，下水管里全是污水，污水发臭后，会通过管道传出臭味。把管道做出一段弯曲的形状，等于制成了一个连通器，液体不流动的情况下，连通器两边的液面总是持平，这样就能阻止下水道里污水的臭气上升。

灯是怎么亮起来的

　　与自来水相似，只要轻轻拧开水龙头，水就流出来了；只要轻轻按一下开关，电灯就亮了。

　　那么，灯是怎么亮的呢？

　　我们按下开关时，就接通了电流，电流让电灯泡发出光亮。那么，电灯泡又为什么会发光呢？原因是电灯泡

里面有一根根呈螺旋状的灯丝。电流从电线流进灯丝里时产生了高热，热到一定程度时灯丝就会发光。灯泡里的灯丝是用细钨丝制成的，因为钨丝能承受高温。一般金属丝加热到100℃时就开始发光，钨丝却能承受2300℃～2500℃的高温。当打开电灯开关时，电流就会通过灯泡中的钨丝迅速发热，并发出白炽的光。为了防止灯丝因温度过高而烧断，一般灯泡里还装进了混合的惰性气体——氮或氩。

大家都知道，世界上第一盏电灯，是美国发明家爱迪生于1879年发明的。这盏灯用炭化棉做灯丝，亮了45个小时。后来经过不断

的实验和改良，美国科学家库利奇制成现代的钨丝白炽灯。白炽灯的问世给人们的生活带来了方便。后来，灯的品种日益繁多，日光灯、霓虹灯、红绿灯等相继出现。随着科技的进步，一种新奇有趣的声控灯也开始进入了我们的生活中。

小朋友们，你们一定见过声控灯吧？每当夜幕降临，我们走进漆黑的楼道里，楼道里的电灯一"听见"我们拍拍手或跺跺脚或者轻咳一声就自动亮起来，不用我们再慢慢摸索墙上的开关。这种灯就叫声控灯。那为什么声控灯不需要人们按开关来接通电源，就能自动亮起来呢？

这是因为声控灯里面装了一个奇妙的元件——声传感器。声传感器能将声波以电信号的形式输出，

电信号经过专用的芯片处理就可以控制电子开关，这样灯就亮了。

准确地说，声控灯是一种声控电子照明装置，由音频放大器、选频电路、延时开启电路和可控硅电路组成。其实，它应该叫作声光控灯，因为它和光线也有关系。在白天，即使你放鞭炮，声控灯都不会亮。这是因为它里面还有一个检测光线的光传感器。这个传感器能让它在光线足够的时候不工作，但是在黑夜，有轻微响动它就发光了。所以声控灯的传感器是声、光同时控制的。

拉链为什么能把皮包开口封上

我们日常所用的皮包、衣服上很多都装有拉链，轻轻一拉，两条拉链带就合上了，再一拉又分开了，既方便省事又简单牢固。那么拉链为什么能把皮包、衣服上的开口封上呢？

我们有必要先了解一下拉链的构造，它是由一排凹齿、一排凸

齿和拉头组成，拉头有三个楔子，两个外伸的楔子用以拉合两排交错的链齿，而在中央的楔子，则负责在拉开拉链时把链齿分开。拉链能封住衣物的开口实际上是运用了链齿能相互咬合的原理。

在拉链发明之前，人们封住衣物的开口主要是依靠纽扣，纽扣钉得一多，就很费事了。有个典故，说的是19世纪末英国人都习惯穿靴子，每个人的靴子上铁钩式纽扣多达二十余个，穿脱极为费事。当时有个工程师叫贾德森，是个大胖子。穿靴子对他来说是件痛苦的事情，于是他下决心解决这个问题。有一天，贾德森去买一把铁饭勺，看见一排长长的铁饭勺勺柄朝上、勺头朝下倒挂在那里，一个个凹凸形的勺部紧紧地咬合在一起，感觉摆放非常巧妙。贾德森选中了其中的一把，使劲往下拽，却拽不下来，因为勺与勺之间咬合得

很紧。后来老板告诉他，只要把他想要的前面一排向外扒开，他需要的那把就能轻而易举地取下来了，贾德森一试，果然如此。这次买饭勺的意外经历给贾德森带来了极大的启发，他觉得完全可以根据这种紧紧咬合在一起的两行铁勺，设计出一种全新的封口装置。事实上，不久后他真的根据咬合原理设计出了"拉链"。不过，贾德森的拉链装置刚刚发明出来时，不是打不开，就是会突然崩开，令使用者尴尬万分。直到瑞典人森贝克改良贾德森的发明后，拉链才开始风靡一时。最初的拉链是用在军服的制作上，后来人们发现，军服上安上拉链后，军人穿衣服的速度大大提高了，这就很好地满足了军人作战时对

速度的要求。不过，由于当时拉链都是金属制成的，普通百姓还用不起。到后来，随着塑料等材料的出现，拉链的制造成本也越来越低，价格越来越便宜，它就逐渐走进了普通家庭。再后来人们把拉链缝在箱包、鞋、衣裤上，发现拉链的确方便好用，渐渐地，它成了人们日常生活中不可缺少的东西。

现在，全世界每年制造的拉链连接起来，可以绕地球10圈。看起来，它虽然只是一件小东西，但其用途还真不小呢。

指纹能开锁

　　要了解指纹能开锁的问题，首先我们必须得知道普通的锁是怎样的。通常我们用的锁，锁芯呈圆柱形，锁芯上有一些孔，每个孔里都有两个很短的圆柱形铜柱和小弹簧。由于铜柱的长短不同，加之弹簧顶着，锁芯就会被挡住转不动。当我们开门或锁门的时候，会把钥匙插入锁芯，钥匙边缘上的齿长短不一，这时长短不同的钥匙齿正好填满孔里的缝隙，将锁芯顶到适当的位置，就能转动锁

芯，锁芯转动随之带动锁里面的弹簧，将所有小铜柱顶出，锁就打开了。

由于每一把锁的锁芯上铜柱的长短组合各有不同，与之相配的钥匙上的齿也要有深浅不同、粗细不匀的变化。因此同一把钥匙是不能把任何其他锁芯顶到特定位置上，只能是一把钥匙开一把锁，这才是钥匙真正的目的。不过，由于各种钥匙的齿形非常相似，有的时候一把钥匙也能打开其他的锁。因此，随着科技的快速发展，锁具家族不断推陈出新，相继推出了密码锁、磁性锁、电子锁、激光锁、指纹锁等。

有人说，指纹锁才是真正地实现了人们"一把钥匙只能

14

开一把锁"的愿望。原来，由于人的遗传特性，指纹人人皆有，但各不相同。指纹锁就是将门内的人的指纹先存储起来，使进门的人都必须先检验指纹，核对无误后才能进入。如指纹锁一旦发现不吻合的指纹，其电脑系统就会立即报警。鉴于每个人的指纹都各不相同，所以不会出现钥匙失窃或者被人复制的情况。

万能钥匙

我们都知道有一种钥匙很神奇,它能巧妙地开启一切的锁具,因此,人们称它为万能钥匙。"万能钥匙"开锁的道理很简单,就是用钢丝、铁片、齿模等等众多拨动工具,利用一些很普通的机械力学原理,运用巧力来拨动锁芯,达到开启锁具的目的。万能钥匙最早出现于欧洲,由于它神奇的用途,很快就遍及全世界。如今,由于高新电子科技锁具相继问世,万能钥匙也被新型开锁器所代替,出现了先进的高压膨胀气囊、高频振光扫描仪,它们可以利用各种光波、射线扫描来探测锁具内部结构,迅速而准确开锁。

你知道吗?

"猫眼"有什么用

"猫眼"其实是一种防盗门镜,由凸透镜和凹透镜组成。和锁具一样具有安全防盗的功能。当我们从室内通过"猫眼"向外看,室外的景物都被缩小了,眼睛能看到的视角范围就会很大,对门外的人、发生的事都看得一清二楚。而人在室外想通过"猫眼"往里看,却是什么也看不清的。

16

丝袜为什么富有弹性

小朋友们，在夏天的时候一定见过妈妈或阿姨穿丝袜吧？你们有没有发现一个有趣的现象呢？就是丝袜能拉到原先好几倍长。你对这种现象一定感到惊奇，想必妈妈也一定告诉过你是因为丝袜富有弹性吧。那么，丝袜为什么那么富有弹性呢？

最初袜子是靠手工织成的，用来生产袜子的纤维都取自天然，如棉、羊毛和真丝。这些材料本身缺乏弹性，因此那时候的人们是穿不到有弹性的袜子的。

1937年，杜邦公司的一位化学师不经意间发现了一种新型材料——尼龙纤维。由于这种尼龙纤维是煤焦油、空气和水的混合物在高温下溶化后加工制成的，因此，它的制作成本十分低廉。更重要的是，尼龙纤维的弹性很好，即使拉长5%，它也完全可以恢复到

原来的状态。在经过三年研制后，第一批尼龙丝袜上市了。一天之内，7万多双丝袜就被人们抢购一空。后来人们发现，用尼龙纤维织成的袜子，整个袜面设计非常符合人体结构，因此袜子穿在身上也很有贴身的感觉。再有它的耐磨性能比棉纤维织品高近十倍，强度也比棉、毛纤维高得多，并且弹性也非常好，它还具有重量轻、不怕潮、不生蛀虫等优点，因此很受人们的欢迎。尽管尼龙丝袜开拓了人类袜子历史上的里程碑。但由于尼龙丝袜的弹性和耐拉伸的程

度也是有限的。如果一直持续拉伸，天长日久，同样会失去弹性。

怎样才能让尼龙丝袜更富有弹性呢？20世纪70年代，杜邦公司再次发明了革命性的莱卡——即氨纶，其弹性比尼龙纤维好4～7倍。这次的莱卡丝袜与腿部肌肤贴合得更为紧密，除了能修复小腿部的线条，还呈现一定的质感，因此更是成为了全世界女性争先恐后购买的宝贝。

IC 卡万能吗

　　小朋友们都见过IC卡，有的小朋友还用过，我们有了IC卡，可以乘车不用带现金，打电话也变得非常方便。那么IC卡由于什么原理轻轻一刷就付钱呢？

　　原来，在IC卡的卡片中，嵌装着一种叫IC芯片的特殊装置，这种芯片里储存持有人的账号、密码等信息。我们刷卡时，IC芯片就会通过和感应器的接触，实现与相

关设备的信息交换。

20世纪时，人们为了消费时不必携带大量现金，开始寻找信用卡的使用办法。后来随着电脑技术的应用和推广，专家在塑料信用卡背后贴上磁条，贮存进持卡人的账号、个人密码等信息，制成了现代信用卡。有了它，人们无论就餐、购物还是旅行都无须携带大量现金，只要将卡在刷卡机上轻轻一划，就可以通过电脑与银行结账。确切地说，信用卡是最早的磁卡，随着信用卡的普及，磁卡的用途也越来越广泛。

后来，人们发现普通的塑料磁条卡有一个致命的缺点：就是很容易造假和被人冒名使用。于是，人们开始使用较为安全的智能卡。它里面嵌装着一种体积小而功能强的处理器——集成电路。集成电路让智能卡具备了个性化存储功能。持卡人可以自行制作程序、输入密码，其他人根本没有办法盗用。

由于IC卡小巧玲珑，便于携带，且存储量大，保密性好，使用寿命长，制造成本低，日益受到人们青睐。随着IC卡应用领域的日益广泛，它被制成各种银行信用卡、电话卡、水电费的缴费卡、公

交卡、就餐卡、医疗卡等等。IC卡比磁卡具有更为优良的保密性，有效地防止了伪造或盗用。

现在，人们还将IC卡制作成电子证件，比如IC卡身份证、学生证、进门证、考勤卡、医疗证、住宿证等。人们发现，IC卡可以记录大量信息，还能做到一卡多用，大大简化了验证的手续，便纷纷称它为"聪明卡"、"智慧卡"。

手机SIM卡

手机SIM卡也是IC卡的一种。由于SIM卡可以插入任何一部符合GSM规范的手机中,因此,我们说SIM卡是一种符合GSM规范的"智慧卡"。它的智慧之处在于,它真正实现了"电话号码随卡不随机的功能",每当手机打开时,手机都要与SIM卡进行数据交流。没插卡时,这些信号是不会送出的。没有插入SIM卡,手机也是没有办法使用的。而且,机主的通话费用是计入SIM卡账单中,与使用哪一部手机无关。

条形码

我们在超市买东西的时候,总会发现商品的包装上有一组黑白相间、宽窄不等的条纹,下面还有一组数字,这就是条形码。条形码和IC卡一样,通过扫描技术识别。条形码记录着商品的有关信息,如名称、产地、规格、价格等,就像商品的身份证一样。超市在销售商品的时候,只要将条形码在条形码光电阅读器上扫描一下,商品的信息就全部显示出来,使统计、结算等工作变得既准确又快捷。

电视机的神奇之处

在我们的生活中，电视是每家必备的生活家电，无论是老人、小孩，还是年轻人，几乎人人都喜欢看。以前，我们要打开电视或者换台，都要走到电视机跟前，按电视机上的开关及频道按钮才可以换台。现在，随着科学的不断进步，这些事只需要我们拿着遥控

器就能轻轻松松搞定。遥控器为什么这么神奇，能远距离控制电视呢？

　　遥控器之所以能控制电视，离不开一种叫作红外线的电磁波。我们手里的遥控器就是红外线的发射器，接收器一般在电器的正面。红外线发出后，照射到电器的接收器上，由接收器把它变成电信号，这样就能让电视机执行信号操作了。

　　我们用遥控器打开电视以后，电视会呈现出一幅幅鲜活生动的动态画面。这又是怎么做到的呢？其实，我们看到的电视节目都是

一幅幅图片拍下来的，这些画面在播放前并不呈现动态。在播放这一幅幅画面时，是工作人员利用人眼的"视觉暂留"特性连续、快速播放，这样就显示出动态效果了。"视觉暂留"又是怎么一回事呢？原来，人的眼睛看到一幅画或一个物体后，这个画面在1/24秒内不会消失。这就是"视觉暂留"。根据这个原理，工作人员在一帧画面还没有在人眼内消失前，就立即播放下一帧画面冲击视觉，这样一来，观众的眼中就会出现一种流畅的视觉变化效果。所以，我们所看到的动态画面其实是电视采用了每秒25帧或每秒30帧画面的速度拍摄和播放呈现的结果。

人类历史上第一台电视机诞生于1926年，发明者是苏格兰人

贝尔德。在我国，电视机的出现较晚，直到1958年，我国才有了第一台黑白电视机。黑白电视机普及到众多老百姓家中，大约在20世纪80年代末期。后经过近十年的发展，在20世纪90年代中期，彩色电视机才慢慢取代了黑白电视机，逐渐走进千家万户。如今，随着科技的进步，人们生活水平的不断提高，彩色电视机已不能满足人们的需求。于是科技工作者们也不断地变换思维推陈出新，相继推出了许多新产品，如液晶彩电、等离子彩电、平板彩电、背投彩

电等等，精彩纷呈、琳琅满目，让我们有更多选择的余地。同时这些电视也给我们带来不一样的视觉享受，为我们的生活增添了无限乐趣。

近几年，电脑电视机也应运而生。这种电视机是将电脑与电视机合二为一，结合而成的一种既具有电视机功能，又具有家用电脑功能的多媒体设备。这种电视机既可以当电视机看，又可以用作电脑，它的出现更加丰富了我们的生活。

吹空调为什么比吹风扇凉快

当夏天刚到温度还不算很高时，小朋友们吹电风扇便觉得很凉快。随着时间推移进入三伏天时，我们就会感到吹风扇似乎起不了什么作用，非得打开空调才觉得凉爽。同样是帮助人们抵御炎热的电器，为什么空调要比风扇凉快得多呢？

区别只是因为它们的工作原理不同。风扇在工作时，是通过扇叶的转动，来带动周边的空气进行流通，不管工作多久它都不会令室内温度发生改变。而空调启动后则会将房间里的空气"制冷"。那么，空调又是怎样制冷的呢？我们大家都有过打针的时候，在打针之前会在皮肤上抹上酒精之后会感觉到凉飕飕的，这是因为液态的酒精在我们皮肤上蒸发，吸收了皮肤的热量。其实这个蒸发吸热的过程就是"制冷"的最基本原

理。酒精在这个过程中就起到了"制冷剂"的作用。

酒精作为制冷剂给一小块皮肤降降温还可以，但要给一个房间或者一栋大楼来降温显然是不可行的。理想中的制冷剂蒸发时的温度要更低，这样制冷效果才会更好，而且毒性要小，安全稳定性要好，才不容易燃烧爆炸。1931年，美国杜邦公司发明了基本符合这种要求的物质，并为之取了一个商品名："Freon"，中文译名"氟利昂"。这种名叫氟利昂的制冷剂，它蒸发时的温度可以低至$-29.8℃$。如果我们把液态的氟利昂倒在正常温度的铁容器里，液态氟利昂就会很快蒸发，并吸收大量热量，铁容器内的温度也随之迅速降低。如果把这个铁容器装在我们居住的房间，再在容器壁上装一个风扇，把里面的冷气扇出

来，那么，我们居住的房间也就很快地降温了，显然这也是空调工作的基本原理。如果采用这个办法来制冷的话，就必须不停地往容器或者房间里源源不断地倒氟利昂，才能维持制冷过程，这就要求工程师必须想办法，把已经变成气体的氟利昂重新变回液体，加以循环和重复使用才行。为此，聪明的工程师们接着又发明了压缩机和冷凝器。有了这两样东西，启动空调后，氟利昂就会被吸入空调的压缩机，被压缩成气态氟利昂；随后，气态氟利昂流到室外的冷

凝器，在向室外散热的过程中，又逐渐冷凝成液体氟利昂；接着，通过一种特殊装置降压，又变成气液氟利昂混合物。这时，气液混合的氟利昂就可以无限制地发挥空调制冷的"威力"了：首先它进入室内的蒸发器，通过吸收室内空气中的热量而不断汽化，这样经过汽化后的房间里的温度就降低了。由于发生汽化，氟利昂逐渐又变成了气体，重新进入压缩机。不断循环往复地持续着蒸发-吸热的制冷过程，就给我们带来源源不断的冷空气了。

洗衣机是怎么洗干净衣服的

衣服穿脏了怎么办？通常情况下是将它丢进洗衣机，放入适量洗衣粉或洗涤液后，再按下洗涤键，洗衣机就自动帮我们把衣服洗好了。那么，洗衣机究竟是怎么洗干净衣服的呢？首先我们来了解

一下波轮式洗衣机的构造吧！我们可以看到每台波轮式洗衣机的桶底都装有一个波轮，波轮的表面向上凸着一道道棱条，大家看到它时是不是觉得有点像手洗衣服时使用的搓衣板？在用洗衣机洗衣服时，通了电的洗衣桶会带动波轮旋转，旋转形成的涡流带动衣服上下翻滚，衣服撞击在波轮表面的棱条上，产生人工揉搓衣服一样的效应。不仅如此，衣服与水流之间、与洗衣桶壁之间，甚至衣服相互之间都不停地搓揉、冲击、振动，加之洗衣粉的去污作用，衣服上的污垢就从衣服上脱离，卷进水中。最后再用清水漂清，就把衣

服洗干净了。

　　世界上最早的洗衣机，是法国人在1800年发明的。尽管用它洗衣服比手洗衣服效率高，但是相当笨重，它桶里装有沉重的旋翼用来搅拌衣服。用这样的洗衣机洗衣服仍需人们付出很多体力。直到1901年，美国人费希尔试制成功世界上第一台电动洗衣机，因为以电为动力，人们繁重的洗衣劳动终于变得轻松了。后来，波轮式、滚筒式洗衣机相继问世，洗衣机开始走入千家万户。滚筒洗衣机的工作原理和波轮式洗衣机稍有不同，这种洗衣机不是模仿搓衣板搓衣，而是模仿棒槌击打衣服。滚筒洗衣机通电后，洗衣桶就高速旋转，使得滚筒中的衣物不断被提升、摔下，如此反复，最终将衣物"捶打"干净。滚筒洗衣机又称为全自动洗衣机，因为它不仅能将衣物洗干净，还带有自动甩干的功能。洗好的衣服从洗衣机中拿出来以后，只要晾晒一会儿就能完全干了，真是快捷方便。现在的科学家们又开始研究更先进的洗衣机了，那就是不用洗衣粉的洗衣机。科学家经过研究发现，超声波具有去除污渍的神奇功效。日本的科学家首先尝试在洗衣机里输入超声波，超声波能使水产生气泡，借助气泡破灭又会产生一种不大不小的作用力，以此来代替洗衣粉，把衣服表面肮脏的微粒清除掉。相信不久的将来，这种神奇的洗衣机就会走入我们的生活。如今，随着科学技术的快速发展，洗衣机的功能还会变得更强大。

你知道吗？

洗衣机为什么能甩干衣服

让我们用心观察一下洗衣机甩干桶的构造。我们可以看到，甩干桶的壁上有许多小洞。这有什么用呢？原来，我们将湿衣服放进甩干桶后，桶内的湿衣服会随着圆桶一起作高速圆周运动，速度最快的能达到每分钟1000转。这时，在离心力的作用下，湿衣服里的水滴就被甩离衣服，从甩干桶的小洞跑出去了，这样衣服就被甩干了。现在，有些洗衣机除了附带甩干功能，还附带烘干功能，洗好的衣服一拿出来就可以直接穿了。小朋友，现在你是不是特别向往这种洗衣机呀？

你知道吗？

洗衣机病

什么是洗衣机病？其实这种病是由于使用洗衣机不当造成的。如果我们在用洗衣机洗衣服时，把许许多多脏衣服放到一起洗，很有可能会引发各种皮肤传染病。这就是洗衣机病。因此，当我们用洗衣机洗衣服时千万不能图省事，一定要把衣服分类清洗才可以哦。

会思考的冰箱

什么是会思考的冰箱？聪明的小朋友一定会想到，它就是智能温控冰箱。智能温控冰箱为什么被称为会思考的冰箱呢，它究竟什么样呢？这种冰箱能自行控制食物所需的理想温度，它似乎能够"感觉"到冰箱里是否增减了食物。如果增添了食物它会自动命令降低温度，如果减去了食物，它又会自动命令温度升上去一点。此外，为了增加保鲜效果，这一类冰箱内部还有一个非常特殊的装置，它能均衡冰箱内的温度，食物放在里面任何一个角落都会保持均匀恒定的温度。一般说来，智能温控冰箱还有以下几个现代化功

能：首先，它能够自动调节冷藏室和冷冻室的温度，即使是断电后再次来电，冰箱也仍将按智能状态进行工作；其次，它会"报警"：不论是开门时间过长，还是冰箱门未关或未关紧，它都会自动报警，提醒主人及时关上冰箱门；第三，它还能自动"汇报"自己的故障：这个"聪明"的冰箱能对自身的系统自动检测，还能将故障原因显示在主板上，以便人们及时检修，同时也降低了维修的难度和成本。

　　如今，智能冰箱又推出了——"真空"保鲜冰箱。什么是"真空"保鲜呢？是在冰箱内部设立"真空舱"，在温度极低的基础上"抽真空"，以此达到抑制细菌繁殖的目的，从而，在低压低氧的

　　环境下延长食物的保质期。这与很多超市里售卖的食品采用真空包装，有着异曲同工的效果。

　　如今科学家们还在研制会说话的冰箱，这种冰箱的功能是向人们及时汇报：冰箱里还储存有哪些食物，距每种食物的保鲜日期大概还有几天等等。怎么样，现在你是不是发现智能冰箱的功能很强大呢？

你知道吗？

古代也有冰箱

在我国清代晚期，人们使用一种有利于储存食物的容器。这种容器被称为"冰箱"。它是用红木、花梨等较细腻的木料制成的，结构类似于木桶，它们不具备现代电冰箱的功能。虽说世界上第一台家用电冰箱于18世纪已在美国问世，但我国开始批量地制造冰箱，却是从20世纪50年代才开始。

你知道吗？

电冰箱里的白霜

当我们打开电冰箱时，总能看见电冰箱内壁上有一层白霜。这些霜是从哪里来的呢？如何才能除去呢？原来，打开电冰箱时，室内温暖而潮湿的空气就会趁虚而入，水汽遇冷就会结成霜。另外，电冰箱里存放的食物中也含有水分。这些水分遇冷也会结成霜。电冰箱除霜最简便的方法就是按电冰箱冷藏室的尺寸，剪一块厚一点的塑料薄膜，吸在冷藏室结霜壁上，除霜时，将冰箱里的食物先拿出来，再把塑料薄膜揭下来，抖一抖，冰霜就自然而然地全部脱落了。小朋友，如果家里电冰箱需要除霜，不妨照这方法试一试哦。

电池里真的储存着电吗

小朋友们都见过电池吧？那个藏在闹钟后面或电视遥控器板后面的短身材、小脑袋的家伙，就是我们经常见到的干电池。很多小朋友大概也都见过大人换干电池时将干电池的正负两极对准，就能

发电了。那么，干电池里的电到底是怎么来的呢？原来电池中的电能是由化学能转化而成的，并不是本身有电存在里面。

比如，我们经常用到的闹钟、手电筒里的干电池又叫原电池，是化学电池的一种。它的特性是只能用一次。与一次性电池不同的，是可以反复使用的蓄电池。像爸爸妈妈手机里用的锂离子电池，就是蓄电池，用完后再充电可以继续使用。

我们知道，干电池里并没有真的电能存在其中，而是由化学能转化来的。那么，蓄电池为什么可以储存电能呢？

其实，电是无法像普通物件一样储存在仓库里的。因为电是电子的定向流动，而大量流动的电子又怎么能被存起来呢？我们通常所谓的充电，就是把外界的电能用来促进电池内部发生化学反应，把电能转换成化学能储存起来；使用电池时，电池内部又进行逆向的化学反应，把储存的化学能转变为电能。由于这种可逆的化学反应可以反复循环不断地进行，蓄电池也就能通过充电的办法多次使用了。

　　最后，提醒小朋友们的是：一粒纽扣电池能污染600立方米的水，一节一号电池烂在地里，能使一平方米的土地失去利用价值。并且，电池中含有危害到人体健康的铅、汞、镉等重金属物。如果我们有用过的干电池可要记着不要随手乱扔哦。一定要学会做一个环境保护小战士！

数码相机
为什么不用胶卷

外出旅游时，到处可见人们拿着照相机，一路欢声笑语地拍照，目的是为了将自己的风采和山水风光都留在照片上。那么，为什么照相机能把人物和风景照下来呢？

我们首先要了解照相机的三个基本构成部分，即暗箱、镜头和感光材料（即胶片）。照相机工作时，先由镜头把景物影像聚集在胶片上；随后，通过调整照相机光圈的大小和控制快门的快慢，

使胶片曝光；最后，胶片受光后，变化了的感光剂再经过特殊药水显影和定影，就形成了和景物相反或色彩互补的影像。因此，照相的过程，其实就是光通过照相机，使胶片经过光学、化学作用，把影像记录下来的过程。

最早的照相机诞生于19世纪。聪明的人们当时根据"小孔成像"原理，制作出了最原始的暗箱和镜头。但是如何把图像存留下来这个问题，直到1893年法国的达盖尔发明了银板法，从而获得了感光材料，同时他还发明了药剂来显影和定影的方法，图像保存的难题才攻克。这就是世界上第一台照相机的诞生过程。由于这台相机的曝光时间很长，使用起来很不方便。到19世纪90年代，经过美国人乔治·伊士曼的探索研究，才发明了轻便的手提照相机，并首先使用了卷装胶

片。随后他创立柯达公司，通过批量生产产品，将摄影带给了普通大众。

照相机自诞生以来，历经一代又一代产品更新。尽管每次推陈出新的新产品功能都更强大，但相机使用胶卷的习惯却保持没变。直到近几年，数码相机的出现，才打破了这个习惯。那么什么是数码相机呢？它又是如何不需要冲洗胶卷，就直接得到照片的呢？

　　数码相机是用一种叫作快速存储器的元件来保存获取的图像，这种元件替代了胶片的功能。事实上，数码相机的"胶卷"与相机本身是一体的，也就是它的成像器件，它也是数码相机的心脏。当我们一旦按下快门，光学信息就直接转换成了二进制的数码信息，并被存入快速存储器内。我们还可以通过液晶显示器来观看到拍摄好的照片，如果有不满意的相片，可以立即删除。由于相机光学影像已变成数字化信息，因此数码相机拍摄的照片也就可以很方便地输入电脑，同时可通过相关的图片处理软件，随心所欲地对照片进行拼接、剪裁、放大或打印。这也是数码相机无可替代的一大优势。

玻璃
都是透明易碎的吗

小朋友们有过这样的经历吗？倒水的时候不小心手一滑，好好的玻璃杯就打碎了。为什么玻璃杯会这么容易碎呢？原来，我们虽然从表面看玻璃是个坚硬的固体，但它里面的分子结构其实不像固体物质那样紧密，而是像液体一样松散，因此一旦有一点小小的冲

击，就会很容易碎掉。

是不是所有的玻璃都容易碎呢？告诉你吧，虽然一般的玻璃都很容易碎，比如镜子、水杯，但如果将它们经过特殊加工与处理制成特种玻璃，就会变得非常牢固。像我们所熟悉的钢化玻璃、磨砂玻璃、防弹玻璃等都是特种玻璃。它们中有一种玻璃可谓坚不可摧，我们称其为安全玻璃，它可以吸收冲击和爆炸过程中所产生的部分能量和冲击波压力，即使被震碎也不会四散飞溅。这种安全玻璃适用于银行、贵重物品陈列柜或监狱等重要场所，能够很好地保护重要的设施或建筑。

还有一种与安全玻璃一样坚固的叫作防弹玻璃。防弹玻璃为什么能防子弹呢？主要是防弹玻璃有三层特殊结构：第一层为承力层，采用强度高、厚度大的玻璃，能够承受很大冲击而不破裂，甚至能破坏弹头或改变弹头形状。第二层为过渡层，作用相当大，它能吸收部分冲击能，改变子弹的前进方向，它采用黏着力强、耐光

性好的有机胶合材料制成。最后一层为安全防护层，这一层一定要能吸收绝大部分冲击能，并保证子弹不能穿过，它采用韧性大的高强度玻璃制成。比起易碎玻璃，它的功能是不是让我们感到惊奇呢？其实说起玻璃，除了易碎以外，它还具有一个特质，就是透明。当然不是所有的玻璃都是透明的。比如啤酒瓶玻璃，蓝色的窗玻璃等。透明玻璃通常是硅酸盐玻璃，这种玻璃是以石英砂、纯碱、长石及石灰石为原料制成。而彩色玻璃，则是人们在普通玻璃的配料中加入了着色剂，这样一来，玻璃就染上了五彩的颜色，形成了美丽的彩色玻璃，被广泛使用。

近年来，出现了一种更为神奇的玻璃，那就是冬暖夏凉的玻璃。它可以使人类不受室外环境的影响，过着冬暖夏凉的生活。这种玻璃的表面有一层二氧化钒和钨的混合物，在夏天时，玻璃能够放热，冬天，它又能吸热。现在这种玻璃还未普及，相信不久的将来，这种神奇的玻璃就会出现在我们的日常生活中了。

塑料
永远不会腐烂吗

　　在日常生活中，随处可见塑料的身影，但似乎塑料的形状是不一样的。比如：装东西的塑料袋是软的，爷爷奶奶给我们买的塑料玩具却是硬的，泡沫塑料则布满了小孔。为什么塑料有软也有硬，有的又像海绵呢？

　　塑料是一种很先进的高分子材料，它种类繁多，据统计，目前全世界生产的塑料有300多种。人们将塑料分为热塑性塑料和热固性塑料，这样分的原因是不同种类的塑料受热后呈现的状态不一样。比如：热塑性塑料受热时变软，可以塑造形

态，冷却后又硬化。生活中，我们常见的塑料袋（聚乙烯薄膜）、塑钢门窗（聚氯乙烯）等，都是热塑性塑料。像爷爷奶奶给我们买的塑料玩具虽然摸起来硬硬的，其实也是热塑性塑料的一种。真正加热也不会变软和改变形状，可制成硬性物的硬塑料叫作热固性塑料。生活中一般不多见，但在工业上却能用到。像电木（酚醛塑料）、电玉（脲醛塑料）等都是热固性塑料。还有一种泡沫塑料像海绵那样疏松多孔又是怎么回事呢？那是因为在加工的过程中加入了发泡剂的缘故。

　　塑料因其方便、实用、价格便宜的特性，给我们的生活带来了诸多方便。但由于塑料不能腐烂，也给我们的生活环境造成了威胁。难道塑料就真的永远不能腐烂吗？答案是：不能腐烂。

　　尽管把塑料埋在土壤里，过一段时间再挖出来看看，塑料仍没有变样。原因是塑料不是自然制造而是人造的物质，因此它们无法腐蚀。又因为塑料作为一种复杂的高分子材料，里面有各种化学物质作为添加质，这些添加质又使其具有多样的性

质，同时又使得它们成了环境污染的一大祸害。鉴于此目前科学家们正在研发一种新型可完全腐烂的塑料。就是将新型塑料的成分改变，科学家将依据光、微生物和其他化学成分将可分解的化学物质在塑料上进行混合。这样一来，有些塑料可以根据光来分解；还有些可以依据土里生长的微生物、水和二氧化碳完全被分解。新型塑料对环境既没有污染，又环保安全，相信不久的将来，它就会进入我们的生活当中。

有机玻璃是玻璃吗

在所有的塑料当中,有一种塑料非常有趣,虽然是塑料,但它的名字却叫有机玻璃,让人很容易误以为它是玻璃家族的一分子。实际上,有机玻璃和普通玻璃完全是两回事。有机玻璃的真名叫聚甲基丙烯酸甲酯,是塑料的一种。只不过,它和玻璃一样,看起来很透明,所以人们才简单地称它为"有机玻璃"。普通玻璃的成分主要是硅酸盐,属于无机盐,和有机玻璃大不一样。有机玻璃有很多优点,它不像玻璃那样容易破碎,透明度又好,还具有很好的热塑性,把它加热,就能任意把它塑成玻璃板、玻璃棒或玻璃管,因此它的用途很广。

不可思议的"塑料血"

近年来,有一种人造的"塑料血"研发并问世。这种"血"的外形就像浓稠的糨糊,只要将其溶于水就可以用来输送到需要血的病人的血管中了。尽管叫"塑料血",它却具有和我们人体中的血液一样的功能。与血库里的血相比,"塑料血"具有造价低,轻便易携带,不需要冷藏保存的优点,相信不久的将来会得到推广使用。

钢铁到底是钢还是铁

钢和铁是有区别的，它们的差别主要是含碳量不同。正因为它们的区别不是很大，所以人们常常合称钢和铁为钢铁。铁最大的特性是硬而脆，缺少韧性，铁还分为生铁和熟铁。我们日常所见的铁锅、火炉、机床底座等，都是生铁制成的，其含碳量最多，又硬又脆，一敲很容易碎。而熟铁由于含碳量在0.02%以下，韧性相对较

好，所以不容易敲碎。而钢因为含碳量在生铁和熟铁之间，和铁相比，就坚硬多了，韧性也好得多，像我们常见的小刀、火车路轨、锯条等，都是钢制成的。

铁和钢虽然是两种不同的物质，但它们又是一对"孪生兄弟"。钢是由铁炼成的，并且大部分的铁用途也就是炼钢。生铁一般含铁90%～95%，含碳3%～4.5%，其中还含有少量的硅、锰等。生铁经过高温煅烧，其中的碳和氧气反应生成二氧化碳，由此降低铁中的含碳量，就成了钢。

据资料记载，早在公元前6世纪，古人就已经会冶铸生铁了，不过因为当时冶炼的生铁太脆，用途很有限。后经过长期摸索，到春秋后期时，工匠们已经学会了炼钢铸剑。有一个传说讲的是吴国有一对善于炼铁打剑的夫妇，男的叫干将，女的叫莫邪。为了冶炼出好铁，他们剪下头发、指甲投入熔炉，因为人的头发和指甲里含碳，熔化后，碳就渗入铁水，最终炼出碳钢，其强度和硬度都会变好。其实碳钢就是一种合金钢。如果在钢中加入适量的镍和铬，就可以制成叫作不锈钢的合金，里面含碳0.24%、含铬12.8%。不锈钢闪闪发亮，它能够经受风吹雨淋，不会生锈，

跟普通的钢很不一样。现在，人们往不锈钢中加入少量镍、铜等，不锈钢的抗锈能力就更强了。此外，还有锰钢、钨钢、镍铬钢等合金钢，这些钢既坚硬，韧性又好，一般的弹片和子弹都打不穿。像坦克、战车的装甲，以及士兵戴的钢盔等都用这些钢制成。

一般来说，钢铁的本色是银白色。随着科技的发展，科学家们把不锈钢浸渍在特殊的液体材料中加工成了彩色钢铁。目的是使不锈钢表面形成一层透明的致密薄膜，光照下，可呈现不同色彩。一方面可大大提高它的抗腐蚀、抗指印、抗擦伤等性能，另一方面使其更美观，为钢铁的冷面形象平添了温情感与活泼感。

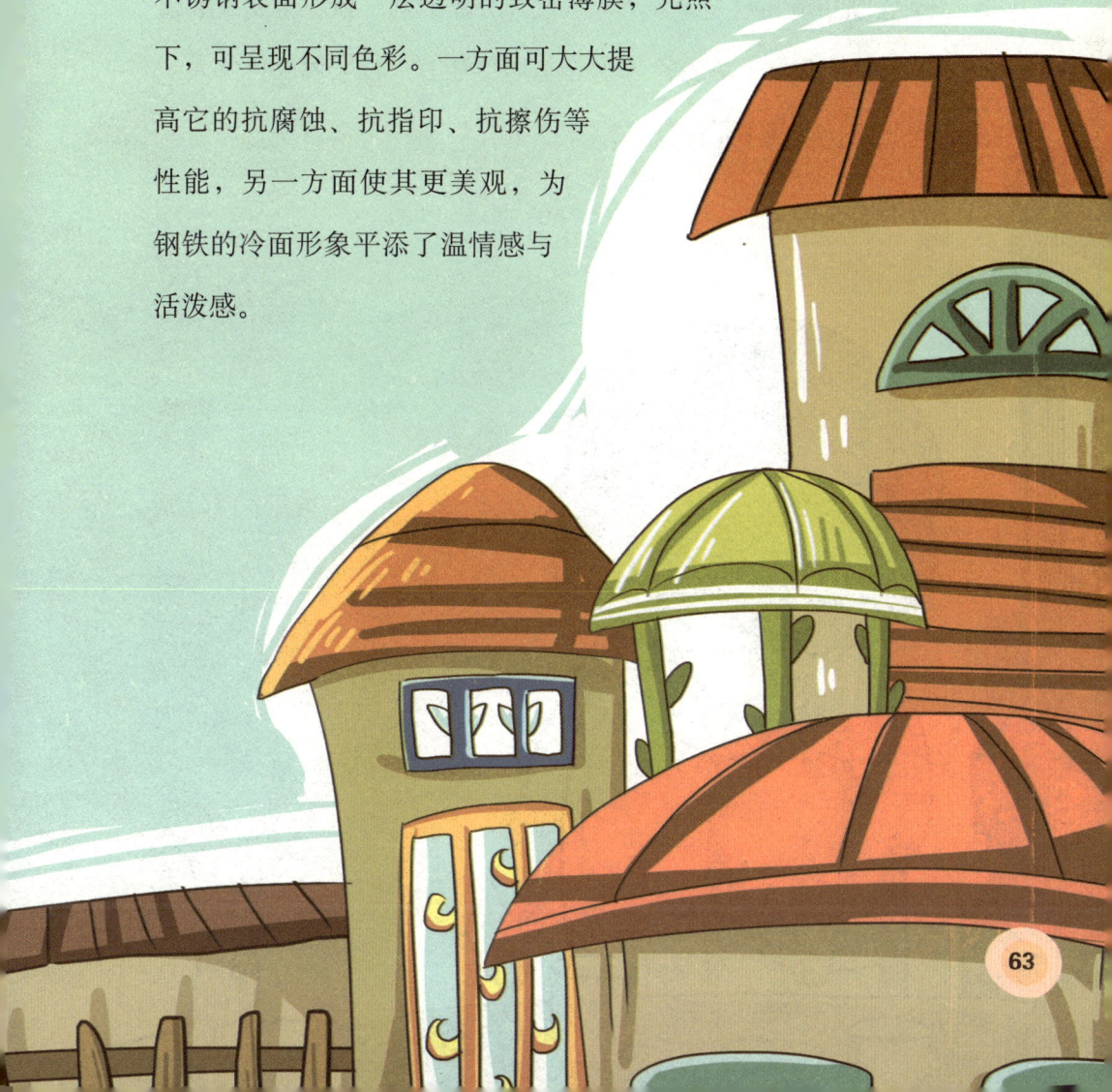

有"记忆"的金属

大家都知道，铁是金属大家族的一分子。除了铁，金属大家族还有铝、钛、锡等。在这个家族里，居然还有一位金属成员像人一样拥有记忆，这是不是真的呢？

　　的确如此。20世纪60年代初期，科学家们在实验室作实验时，需要用到一些镍钛合金丝，工作人员便领回来一些绕得弯弯曲曲的螺旋形线圈。为了方便使用，科学家将线圈加热到150℃，冷却后再把线圈完全拉直了。不久后的一天，他们把笔直的合金丝再一次加热，奇迹出现了：在温度升高到95℃时，拉直的镍钛合金丝竟自动卷曲成原来的螺旋线圈形状。当时研究人员几乎不相信自己的眼睛，于是又反复试验，他们惊奇地发现，被拉直的合金丝只要达到一定温度，便立即恢复到原来那种弯弯曲曲的模样，这就好像失去

记忆的人，苏醒过来了，又记起了自己原来的模样，于是便不顾一切地要恢复自己原先的状态。

这是怎么回事呢？难道合金也具有人类那样的记忆吗？

原来，有些固体形态的合金，内部结构会因为温度的变化而发生形变。例如，当温度在40℃上下变化时，镍钛合金就会收缩或膨胀，形态发生变化。这是因为它在40℃以上和40℃以下的内部结构是不同的。所以说，40℃就是镍钛记忆合金的"变态温度"。

各种合金都有自己的变态温度。如果一种高温合金的变态温度很高，在高温时它不管被卷成什么形状，都能处于稳定状态，但如果在较低温度下强行把它拉直，它则会很不稳定。不过，一旦把它加热到变态温度，它就会立即恢复原来那个稳定的形状。根据记忆合金的这种特性，科学家们研制出一种登月用的月球天线，它的模样就像一把撑开的大伞，占用空间很大。将它在

　　低温下折拢，就紧缩成了直径只有5厘米的小球，可以方便地装入宇宙飞船。当登上月球后，在太阳光的照射下，天线会自动展开，又恢复到原来的形状。

　　记忆合金在人们的日常生活中也很有用处。科学家发现，记忆合金可用来制造自动温控开关，这样的装置能在阳光照耀的白天自动打开通风窗，晚间气温下降时又自动关闭通风窗。另外，记忆合金还在医学领域发挥着特殊作用，如制造血检过滤器、接骨板、人工关节等等。

寻找绿色环保的新能源

在我们的生活当中每天都要消耗许多能量。比如晚上开灯、看电视、上网查资料等等都需要能量。当能量不断减少，就需要新能源来"帮忙"。能源可以创造出各种能量，像电能、磁能、原子能等等。

目前，世界上最常用的能源有煤、石油和天然气，这三大能源物质也被称为化石燃料。直到今天，人类还在使用化石燃料，与此同时也产生了负面效应，因化石燃料排出许多像二氧化碳这样的温室气体，使得地球的温度变得越来越高。据统计，人类每周向空气中

排出的二氧化碳就达6吨。过度的二氧化碳使得极地的冰雪融化，又使得气象异常现象经常发生。人类为了解决这个问题，就得不停地植树造林。人类要想从根本上解决问题，就得研发绿色环保的新能源。

我们该如何寻找绿色环保的新能源呢？很早以前，人们就开始在大自然中寻找了。尽管大自然供给了我们阳光、风、波浪等很多种类的能量，其中之一就是从太阳中获得的能量（太阳能），但是直到现在，它还不是非常理想的能源。就拿太阳能电池板来说吧，它不是效率低，就是价格太高。

风能与太阳能相比起来，算是理想能源了。如今，设置风力发电机的家庭也逐渐增多。因为风力发电机是利用风来产生能量，所以只能设立在风力强的海边城市。一台风力发电机能产生150万瓦的电力，不算小了。居住在风力强的沿海城市的小朋友，应该能买到足够一个家庭用的风力发电机，一般来说，是用不

了150万瓦的。另外海洋中也蕴藏着各种绿色能源，如波浪能、潮汐能、海流能、温差能和盐能等。在我国，已建成不少利用潮汐发电的潮汐电站，海洋能开发的潜力还很大。

　　20世纪中期，科学家们在实验室里发现了最清洁的能源，那就是化学元素氢。氢的燃烧生成物只有水，对环境没有任何污染。并且，由于氢的分布很广泛，它存在于水、所有有机化合物和活的生物中，非常方便提取。氢的威力很大，氢燃烧产生的热量大约是等量的汽油或天然气燃烧产生热量的三倍。此外，氢的储运性能好，使用方便。近年来，液态氢已被广泛用作人造卫星和宇宙飞船的能源。

你知道吗？

垃圾也能发电

如今，人们还找到了用垃圾发电的办法。不少欧美国家都建成了自己的垃圾发电站，像美国，甚至建起一座100兆瓦的垃圾发电站，每天能消耗60万吨垃圾。而德国的垃圾发电厂，因为本国的垃圾不够用，每年还要花钱去国外买垃圾。

你知道吗？

从植物里提炼石油

科学家们发现，有一种"象草"里可提炼石油。实际上，象草是一种非常理想的石油植物。跟用菜籽油提炼的生物油相比，它提炼石油所产生的能量足足多出一倍。并且，在收割时，象草的植物特别干燥，因此提炼石油时有较高的转化率。在发现象草可以提炼石油以后，科学家继续寻找更多的"石油植物"，目前，科学家又发现了香胶树、银合欢树和鼠忧草等"石油植物"，石油植物中不含有害气体，不会污染大气。此外，它能够大范围种植，不容易枯竭，而且对环境绿化也大有好处。

71

一切能量免费供应

现在我们所用的一些能量，比如：电能、水电、煤气管道等哪一个都需要交钱方可使用。那有什么能量能免费为我们无限使用呢？告诉你吧！人造太阳就可以。

什么是人造太阳呢？它是一种最新热核聚变实验堆。因为模仿制造太阳能的原理，所以被叫作人造太阳。人造太阳和现在比较普遍存在的核能发电站不一样。原因是：它们一个是利用核聚变反应提供能量，另一个是使用核分裂反应提供能量。核电站为人类提供

能源已作出了不小的贡献，但人造太阳作的贡献将会更大，它可以轻而易举地为人类提供足够千万年消耗的能源，是真正意义上的取之不尽、用之不竭的能源。

　　什么是核聚变反应呢？原来在真正的太阳内部，连续进行着核聚变的反应现象。我们每天见到的太阳，是由几种气体构成的。其中，氢气和氦约占25%。氢气向氦融合的同时，每秒能产生400吨的质量转化为能量。太阳向地球每40分钟输送的能量，就够全世界人口一年使用的能量。而人造太阳将来也有这么大的本事，想想看，我们将会有多少能量可用呀？

　　地球也是能为人类带来取之不尽能源的一个宝藏。我们居住的地球，很像一个巨大的保暖瓶，外凉内热，而且越往里面温度越高。人们把地球内部的热能称为"地热能"。很早以前人类就开始利用地热能，最明显的一个例子就是温泉。不过，要利用地热能为人类发电，就必须建立一个地热电站。我国是世界上开发利用地热资源较早的国家之一，北京是当今世界上六个开发利用地热较好的首都之一。

　　地热开发需要利用发电机来进行能量转换。但是，地球上的自然电却不需要依赖任何转换装置。什么是自然电呢？地球这个天然"发电机"所发的就是自然电。地球在不停地转动，它的动能非常

大。如果我们把整个地球作为发电机的转子，以南北两极为正极，以赤道为负极，理论上可以获得10万伏左右的电压。这便是人们把地球本身当作一个巨大的发电机的一种设想。如果能实现这个设想，我们将得到惊人的能源。

除此以外，自然现象中还有一种闪电能。它所提供的能量"威力"也相当惊人。据科学计算，一次闪电产生的电压可达1亿伏，可产生近40亿千瓦的电能，比目前美国所有电厂的发电量之和还多。而且，每秒钟约有100次闪电袭击地球，其光带长度从300米到2750米不等，你能想象这些能量相加有多么惊人了吧？只可惜，闪电持续时间太短，至今，人们还没有找到利用闪电能的方法。闪电中大约75%的能量作为热耗，白白散掉了。

上网能实现所有的愿望吗

如果我们想到一个事先没有去过的地方旅游，想知道所到之地有什么好玩的好吃的，只要坐在家里的计算机前轻点鼠标，就可以知道一切你想了解的，这就是上网的妙处。除此之外，你还可以在网络上购物、K歌、看电影电视、与朋友一起玩网络游戏等等。这一切都是通过连接到网络上的电子计算机来实现的。

人们用电话线或电缆将若干台电子计算机连接起来，用来实现信息资源共享和信息交换的目的，这样一个相互联接的系统就称为计算机网络。只要家中有一台电子计算机，并将这台计算机与因特网连接，我们就可以上网冲浪了。

上网一般指的就是因特网。因特网是全世界最大的电子计算机网络系统，它连接起世界上数以万计的计算机，拥有数以亿计的用户，每一个行业、家庭等几乎都涉及。

因特网起始于20世纪60年代，当时的名字是阿帕网，并且只是美国国防部内部使用的一个局域网而已。后来，为了让科学家们通过计算机交换数据，各所高校的局域网纷纷与阿帕网互联，形成了互联网，研究人员称"Internet"，也称为因特网。20世纪90年代，由于联入的用户越来越多，因特网开始以惊人的速度扩张。据统计，到2005年底，全球因特网的使用者已接近5亿人，它已经把全世界连成了一个"地球村"。由于因特网不是一个单一的计算机网络，而是由许多网络互相联接而成的，人们也称它为互联网。

　　如今，人类已进入信息高速公路的建设中。因特网只是信息高速公路的雏形，未来的信息高速公路的网络规模将更广泛。未来的信息高速公路提供你能想象得出的任何电子通信技术，使社会更有效地交流信息，以信息高速公路为纽带，将每个人都连在一起。

　　到那时，爸爸妈妈不一定要每天赶车去上班，只需坐在家里那台与办公室联网的电脑前就可以办公；通过可视电话，他们与相关人士会面，当面研究讨论问题，还以召开电视会议；如果你生病了，不必上医院，医生可以通过信息高速公路来为你看病，专家甚至可以通过远程遥控的设备，直接实施手术；连电视也和过去不一

样了，你可以在任何时间选看任何节目，而不必按规定的播放时间去看固定节目了……

可以说，信息高速公路可以帮我们实现任何愿望。

你知道吗?

博客和播客

博客这个词是由英文单词blog或Blogger翻译过来的。简单地说,博客就是一个网页,通过这个网页平台,个人可以随心发布信息。播客源于英文名称Podcast,播客是以博客为基础发展而成的。一般情况下,我们可以在博客上随意发表自己的言论,但只能用敲写文字的方式,而播客网站则可以上传音频和视频文件。可以说,播客是更高一级的博客,是能说会道表情丰富的趣味博客。

你知道吗?

电子书包是什么

电子书包实际上是一个存储、记载和阅读信息、资料的电子装置,能容纳从小学到初中教科书上的全部内容,还能登陆因特网、查阅、下载资料或收发邮件。电子书包的重量很轻,还不到1千克,可大大减轻学生的负担。目前,研发部门正在想办法降低电子书包的成本,相信在不久的将来,它就会很快地与我们见面了。

计算机将超过人类吗

　　科技的发展使原来很多只能在科幻小说中看到的事情变成了现实，比如，电脑战胜了人脑。

20世纪90年代，美国IBM电脑公司制造出了一台超级计算机，它专门用于人机对弈，取名为"深蓝"。"深蓝"采用的科技手段非常先进，每秒能运算1亿步棋。1996年，"深蓝"首次挑战国际象棋世界冠军卡斯帕罗夫，但结果以一胜二平三负的战绩败下阵来。

此后，"深蓝"的程序又被IBM的科研人员重新改进，它的性能也提升到每秒能计算2亿步棋的水平。1997年5月，"深蓝"再次挑战卡斯帕罗夫，经过九天六盘的较量，它终于以三胜一平二负的总成绩战胜了这位棋坛冠军。

是什么原因让电脑比人脑还聪明呢？

其实，计算机电脑是一种能自动进行计算、存储和进行数据处理的机器。世界上第一台计算机诞生于1946年，它体积出奇庞大，重量达30吨，运算速度每秒几万次。短短50余年时间，电子计算机已发展到第四代产品。第四代产品先进多了，它们容量大、体积小，运算速度达每秒几亿次。纵览计算机从第一代到第四代的历程，人类创造了奇迹。

在所有的第四代计算机产品中，有两种产品最"聪明"。一个是超级计算机，另一个是量子计算机。

打败人类的计算机"深蓝"，是一台超级计算机。超级计算机往往有着无可比拟的计算速度。以前，人们把一秒计算数百亿次以上的计算机叫作超级计算机，如今，人类已经发明出了可以计算

数千兆的超级计算机。量子计算机比超级计算机更厉害，它们可以只用4分钟来解答出用超级计算机需要费时300年的问题。这是因为量子计算机不再采用传统的冯·诺依曼的计算原理，而是采用更先进的量子原理来计算。

现如今，计算机进入了第五代的研制阶段，第五代除了拥有传统功能，还将有推理、联想和学习、智能会话和使用智能库等人工智能方面的功能。以后的计算机不仅能够独立思考，还将拥有视觉、甚至还能听得懂人的语言。

　　"深蓝"的胜出是不是表明计算机将超越人脑呢？大可不用担心。计算机毕竟是机器，缺乏创造力，只能顺从和服务于人类。尽管卡斯帕罗夫输给了"深蓝"，但说到底，他输给的是设计、制造、指挥"深蓝"的人，是人给了机器智慧。这样推理看来，"深蓝"的胜出实际上依然是人脑的胜出。

电脑生病了

大家都知道，人在正常情况下能工作，一旦生病就不能工作，计算机也是这样。好的计算机硬件就如同一个人的强健体魄，有效的软件就如同一个人的聪颖思维。而计算机的工作，就是由硬件、软件配合CPU（中央处理器）来完成的。

　　早在1977年，某国一个科幻小说家在自己的小说中，幻想出一种可怕的病毒，能在电脑间互相传染，可以使许多电脑瞬间崩溃，不可思议的是，过了短短几年，这个幻想就真的变成了现实。对于这种现象的存在，直到1983年，科学家们才在实验室里得出了确实有这种计算机病毒存在的正确结论。三年后，一种命名为"巴基斯坦"的计算机病毒感染了数千台电脑，给人们造成了一场真正意义上的重大损失。随后，新的计算机病毒不断地在互联网平台上肆意流行。人们不禁会问，为什么电脑这种没有生命的机器也能感染计算机病毒呢？

　　这是由于网络将许许多多台独立的电脑联结在一起，因此一旦网络局部出了故障，就会牵连到许许多多其他的电脑。病毒就是个例子，它通过网络，将计算机病毒不断扩散，不仅导致个人电脑"中毒"，还会导致机关单位的网络系统瘫痪。这样看来，网络在为我们提供方便快捷的同时，也滋生出不少弊端。

　　那么，计算机病毒能传染给人吗？回答当然是不能了。实际上，计算机病毒是人为编制的计算机程序或文件，它能够通过复制自身来感染其他软件。之所以叫它"计算机病毒"，是由于它与生物医学上的病毒一样，具有传染和破坏特性，但计算机病

毒绝不是医学上所说的病毒。计算机一旦"中毒"便不能正常工作，还会出现丢失数据、运行速度缓慢、异常死机、存储空间异常缩小等状况。

近年来，专家已经查明的计算机病毒就达两万余种，这个数字还在以每月200个新品种的速度递增。看来，计算机病毒已成了计算机世界的瘟疫。对于我们家庭的计算机来说，保障安全最简单的方法，就是安装防毒杀毒软件。

电脑还有另外一个危害者，就是网络黑客。提起黑客，人们可能会联想到行侠仗义、杀富济贫、正直、快意恩仇的侠客形象。事实上，黑客干的是损害他人利益的违法勾当。他们利用自己丰富的网络知识，破解密码或非法入侵他人电脑及国家网站，专门破坏网络安全，同时又大量散布病毒令其肆意传播，应该将他们绳之于法。

你知道吗？

什么是"熊猫烧香"

2006年末到2007年初，互联网曾感染过一种名为"熊猫烧香"的病毒，此病毒曾一度引起互联网恐慌。由于感染此病毒的用户系统中所有.exe可执行文件全部被改成熊猫举着三根香的模样，因此，人们称这种病毒为"熊猫烧香"病毒。这种病毒的制造者李俊，于2007年9月24日被法院以破坏计算机信息系统罪判处有期徒刑4年。

你知道吗？

真的有网络大战

现今，网络涉及到各行各业、各个领域，既然有那么多的使用者，必然也会有一定的破坏者，比如黑客的存在。在网络世界里，对付黑客的是网络警察，那么，真的会有网络大战吗？回答是肯定的。

在高科技战争中，网络战场同样非同一般。假设没有计算机这一平台，没有安全性较高的网络系统，又怎么可能将各种人员、装备以最好的方式组织到一起。正是因为有了网络的支撑，才占有了网络作战优势。在整个交战过程，双方必然围绕着攻击敌方网络和保护己方网络，展开一场激烈的对决。

可以穿戴的电脑

我们都习惯于将电脑放在桌子上，放在桌上的电脑称为台式电脑，也有些电脑可以拎在手上，随时携带，它们是笔记本电脑。那么，什么又是可以穿戴的电脑呢？

其实可穿戴的电脑对我们来说，并不陌生。它早已在我们

身边流行起来了。从广义上来理解，近年来为人们熟悉的U盘、MP3、PDA和手机都算得上是可穿戴的电脑。为什么这样说呢？原因是U盘相当于一个可穿戴存储器；MP3也具备处理器与存储器功能；而PDA就是一个小的掌上电脑；手机也几乎是一个随身佩戴的电脑。

科学家们正在想办法进一步改进技术，以助于可穿戴机真的穿上身。美国已经研制出一种大小与火柴盒差不多的主机，尽管体积十分微小，却像真正的主机一样包括了接口、处理器和存储器。随着这种微型主机的问世，人们将电脑戴在手臂上的梦想也将逐步成为现实。目前，戴在手臂上面的便携式电脑已在研发阶段。当然，作为微型电脑，其功能远不及一般台式电脑、手提电脑，它的主要服务功能是资料存储和查阅。不过，这种没有键盘，携带方便的微电脑，还是很适合外出公干人士使用的。

这种微型电脑构造相当有趣，它没有鼠标，只有一块触摸式的小垫来代替键盘及鼠标，你要用手指在小垫上移动，控制显示屏上的游标工作。并且，由于它戴在左手上使用，所以只能右手操作。除此外，小型电脑里还放置了一个声音辨认软件。它能迅速辨认出是不是"主人"的声音，让企图盗用的人无机可乘。

近年来，还有一种"可穿"电脑也公之于众了，是由美国研发的。"可穿"电脑的主机是系在皮带上的，显示画面的屏幕尺寸很小，可嵌入普通的眼镜片内，其键盘亦很小，只要

一只手就可灵活而正确地操纵。另一款由日本研制的"可穿"电脑与其相仿，却更加环保、有趣。研究人员将一受力就会产生电流的特殊元件装入鞋底，这样一来，就能利用走路时的冲击和振动发电，穿上身的电脑也不用总是脱下来充电而能长时间使用了。

　　"可穿"电脑的应用前景很广泛。应用于医学，医生就能对病人进行24小时屏幕健康观察。应用于教学，老师就可以随时随地对学生进行执教和辅导了。

　　近期，IBM公司宣称将研发一项更惊人的新技术：即用人体取代电线，只要一握手，就能与对方进行信息交流和数据交换。不过，此技术还在研究阶段。与此同时我国研制的微显示器，只有眼镜般大小，放大效果却达到了50英寸/2米，这一技术在国际上是遥遥领先的。

液晶屏幕里有液体吗

现在不少家庭开始使用液晶屏幕的电视、电脑。液晶屏幕不仅轻、薄，还能清晰地显示图像。那么，液晶到底是什么呢？液晶屏幕里是否有流动的液体？

其实，液晶就是"液态晶体"的意思。由于它介于固态和液

态之间，有人称它为固、液、气三态之外物质存在的第四种状态。液晶的特性奇特，其液晶分子一般具有棒状或盘状的空间结构，独特的结构特点使它一方面具有液体的流动性，另一方面又具有晶体的一些物理性质。是谁最早发现液晶的这种奇异特性的呢？

　　18世纪的一天，奥地利生物学家莱尼茨尔在做科学研究时，无意合成了一种奇怪的有机化合物。莱尼茨尔打算从弄清楚它的熔点着手，来彻底了解它的特殊性质。于是，在接下来的整个实验中，莱尼茨尔惊奇地发现，这种晶体的熔点竟然有两个：当温度升至晶体的第一个熔点时，它开始像液体一样流动起来，同时还呈现出

了不断变化的鲜艳色彩；当温度升高至第二个熔点时，它似乎再次熔化，继而变成了普通的透明液体，并失去了晶体所固有的所有特征。他想，按照人们普遍的认识和理解，每种晶体物质都应该只有一个熔点才对呀，为什么它会有两个呢？这一意外的发现，激起了莱尼茨尔极大的兴趣，他决心探个究竟，将这个问题彻底弄清楚。在后来的研究中，他通过显微镜又发现了新的现象：这种物质在由液态变成固态的过程中，当处于两个熔点之间的温度范围时，它既具有液体所特有的表面张力等性质，也具有晶体所特有的分子定向排列和特殊的运动规律，并显现出像晶体那样的光学、热学性质。莱尼茨尔觉得这个发现很有意义，便将物质这种有

趣的"第四状态"定义为液晶。

　　后来，研究人员又将液晶注入两块透明的导电玻璃之间，并使其中的液晶分子按适当的方式排列，便制成了我们现在所见到的液晶显示器。其实，液晶屏幕里并不是真的有流动的液体，而是因为液晶只是一种介于固态和液态之间的特殊状态。

　　液晶种类非常多，通常按液晶分子的特征进行分类。到目前为止，科学家们已合成了一万多种液晶材料，其中最常用的液晶显

示材料就有上千种。液晶显示的优点非常明显，不但体积小、重量轻、无闪烁、对人体无伤害，而且显示信息量大、成本低等等。目前一般的液晶显示器不仅屏幕尺寸更大，性能也非常好。有些液晶显示器，甚至还可以卷起来。随着技术的不断提高，液晶显示必将越来越深地影响人们的生活。

自行车是怎样保持平衡的

小朋友们对自行车一定不陌生，街上经常可见到骑自行车的人，不知小朋友看到骑自行车的人想到过这个问题没有：人在骑自行车的过程中是怎样保持平衡的呢？

　　人在骑自行车的过程中，自行车和人就形成了一个整体，不是孤立的。它是由一个重心和两个支点来完成。重心并没有固定位置，而是可以调节的，通过自行车车头的摆动、自行车向前的运动以及人身体的倾斜来调节。两个支点一个是后轮与地面的交点，一个是前轮与地面的交点。骑车时，为了让重心始终保持在两支点的连线上，人必须时刻调节位置。当重心在两支点的连线上时，自行车就会保持平衡不会倾倒。当自行车静止时，因为无法调节重心位置，就容易倾倒。

　　世界上第一辆自行车是1839年英国人麦克米伦发明的。由于它使用方便、快捷，很快在世界各地流行起来。后来经过人们的不断改良，最后制造出了我们现在所看到的自行车。虽然近代随着人

们生活水平的不断提高，电瓶车、摩托车、汽车等更先进的交通工具相继出现，但还是有不少人仍然保持着对自行车的喜爱，自行车这种既环保又健康的交通工具确实是其他交通工具所无法替代的。

　　自行车种类繁多，并且性能各不相同。变速自行车能够任意地改变车速，原理是在变速自行车后轮上装有变速装置，这套装置由大小不一的齿轮组成。一旦选择大的齿轮，自行车的车速就会变快；一旦选择小的齿轮，自行车的车速就会变慢。山地自行车，因为它具有很强的抗震能力，有牢固结实的车架、缓冲力极强的刹车加上还具有变速自行车上特有的变速装置等等，极受运动人士的青睐。

　　尽管变速自行车和山地车比普通自行车的速度要快，但与汽车相比，它们的速度始终还是要逊一筹。近年，巴西有位中学教师动手为自己改装了一辆自行车作为上下班交通工具，他在车的两侧绑上装有压缩空气的储气罐，运用压缩空气的巨大能量使自行车的速度能达到每小时90千米。这位老师运用自己的智慧，使普通的自行车兼有了速度和环保双重功效，实在是令人佩服。

不靠近汽车能打开车门吗

在商场、酒店门口或停车场，我们常常看到一个奇怪的现象，司机离汽车远远地掏出一个灰色的小装置，轻轻一按，车门在远处就自动打开了，你一定会想知道其中的原因。

原来，司机所使用的是一种现代化的智能车钥匙，它兼有遥控器和发射器的双重功能，不仅能在远处控制车门的开启，车辆还可以根据车钥匙发出来的信号进入锁

定或不锁定状态，不仅如此，车窗和天窗也可以依据它发出的信号自动关闭或开启。告诉你吧，这还不是最先进的智能钥匙呢。更先进的智能钥匙像一张信用卡：司机一旦触及车门把手，车内有一个叫作中央锁的系统装置就迅速作出反应，同时发射出一种无线查询信号，这时，如果智能钥匙卡作出正确反应，车门就会自动打开。比这更新奇的还有被大家称之为"远程无钥匙进入系统"。它是当今最先进的汽车防盗系统，直接用密码开车门，不用车钥匙就能自动进行防盗。当司机离车辆还有两三米的距离时，系统就开始自动辨认司机身份，识别无误后系统自动打开门锁，实现完全的无钥匙进入车辆。车门自动打开时，车灯便自动亮两次。这个时候，司机一拉开门把手就能进入自己车里，进车后，指示灯随之转入关闭状态。

　　智能钥匙和密码锁只是汽车安全系统的一个组成部分，它们所起的作用主要是安全防盗。安全系统另一个重要组成部分是安全气囊，它能够保护司机在行驶途中的安全。安全气囊装在驾驶员的方向盘上。一旦外界发生猛烈的碰撞，气囊内的化学物质便能够迅速反应，释放出大量氮气，气囊随之迅速地膨胀起来。阻挡司机因为惯性而撞向方向盘和玻璃车窗，安全气囊的作用就是将突然而至对人体的撞击伤害降至最低，从而挽救驾驶员的生命。和车钥匙一样，如今安全气囊也将升级为智能气囊。这种安全气囊能自动检测司机的身高、体重、所处位置、是否系安全带等信息，并根据检

测结果自动调整气囊的膨胀时间、膨胀方向等，从而给予司机最迅速、最有效果的保护。随着科技的不断发展，未来还将出现一种全新的安全装置——智能轮胎。这种轮胎在行驶过程中温度过高或轮胎气压太低时，都会及时向司机发出警报，以防止事故的发生。

我的超级科学探索书

你知道吗？

扎"辫子"的汽车

大家都知道无轨电车与其他普通汽车不同，普通汽车是以燃烧汽油来发动，而无轨电车则因为自身并不能发电必须依靠的是车顶上那两根"辫子"，从马路上方的线缆中导入电能。导电时，电流先通过一根导线输到电车里，再从另一根导线输回到线缆中。这样整个电力的循环运转起来后，电车才能正常开动。

你知道吗？

什么是老爷车

老爷车一般指20年前或更老的汽车，因此人们也叫它古典车。它是人们过去曾经使用、现在仍可以使用的汽车，同时也是一种怀旧的产物。"老爷车"的叫法，最早是1973年英国出版的《名人与老爷车》杂志提出的。此名称一出，就得到了越来越多爱车人士的追捧与认可。数年间，关注老爷车的人越来越多，致使老爷车的身价也随之水涨船高。例如，一辆1933年的老爷车，竟拍卖到100万美元，可见老爷车的价格不菲。

令人大开眼界的创意汽车

　　小朋友们，在汽车大家族中，有轿车、客车、货车、消防车、救护车、洒水车等等。近几年来，又有新的车型不断地涌现，它们的功能不仅强大而且环保。

　　世界上最快的汽车，是美国推出的超级汽车"美洲之鹰"，这辆汽车每小时可行驶路程长达1287千米。我们知道，声音在空气中传播的速度是每小时1224千米。而这辆汽车却能达到每小时1287千米。可谓名符其实的超音速汽车。超音速汽车的外形有点像火箭，

尖尖的头，尾部收缩成楔形，用喷气飞机引擎。尽管超音速汽车速度惊人，目前却还不能成为我们的交通工具，但它的创新，却带给我们对未来汽车前景的无限展望。

我们再来看看世界上最环保的汽车——太阳能汽车。科学家们一致认为，因为太阳能既环保又取之不竭，无疑太阳能汽车是最无污染又节能的汽车了。1894年，当第一辆太阳能汽车"宁静的成功者"成功行驶后。近年来，科学家们又经过不断的技术改良，如今的太阳能汽车行驶起来不仅阻力小，还会产生升力，减轻汽车的重量，从而使车子的速度更快，可达到每小时100千米以上。尽管太阳

能汽车优点很多，但由于它的电池板造价贵，发电能力差，依然没有得到普及。

再让我们来看一看折叠车——"变形金刚"的现实版。它是科学家奥斯卡·约翰森于2008年设计制造的。这辆车不仅静止时可以折叠，它在行驶过程中也同样可以折叠。在行驶时，有一个液压抬升系统随时等着驾驶员开启，一旦开启，汽车就可以自动折叠起来。折叠之后，整个汽车的重心上升，看上去像一个V字形。这时

它前后轮的间距会大大缩小，体积会自动变成原来的一半，这种汽车能够有效地解决城市拥堵这个现实问题。而且，一旦折叠车出了城市，走上高速公路时，司机还能再启动液态抬升系统，使轿车重新恢复原样。折叠车设计成这样，那会不会有安全隐患呢？这个完全不用担心。因折叠车被分为前后两部分，中央的折叠轴是分界线。前面部分是驾驶室，后面部分则是动力部分和储物箱位置。在轿车折叠行驶时，由于这种设计优势非常明显，司机能清楚的看到

前方道路，他们的视线就不会因汽车折叠而受到影响。折叠车不仅性能优越，外观也很时尚，为未来的汽车王国构建了一个宏伟蓝图。

　　小朋友们，富有创意的汽车在未来还会不断出现，有兴趣的话，大家可以慢慢了解。

什么火车比飞机还快

不知道小朋友们知不知道，有一种火车的行驶速度超过了飞机，但它依然不属于飞机而属于火车家族。那么，这是怎样一列火车呢？它的车厢悬在空中，行驶速度高达400～500千米/小时，坐在车里窗外景物飞驰而过！它就是磁悬浮列车。之所以称它为磁悬浮列车是因为它悬浮在空中进行运动。而普通列

车则是利用列车车轮和铁路之间的摩擦力，来带动列车运行，它的最快速度不会超过300千米/小时，而磁悬浮列车是悬浮在空中所以运行速度大大超过了普通列车。

玩过磁铁的小朋友一定知道，当我们拿一块磁铁的一端接近另一块磁铁的一端时，磁铁要么相互吸引，要么相互排斥。磁悬浮列车为什么能浮起来？就是利用电磁铁"同性相斥、异性相吸"的原理，使列车前进的。磁悬浮列车在空中行驶是因为它没有轮子，通过一种安装在列车底部的超导磁铁，当电流通过时，利用

列车底部产生的强大磁场力，这种磁场力介于火车与路轨之间无形产生的我们称之为"磁垫"，至此列车才得以在轨道上悬浮行驶。

2003年，我国首辆磁悬浮列车在上海正式运行，尽管它标志着我国已经初步掌握了磁悬浮列车的控制技术。但是，由于建造这种列车还存在很多技术难题，所以至今尚未在全国普及。

目前，我国铁路部门正大力普及另一种新型列车——高速铁路列车，简称"高铁"。它的最高行车速度达到甚至超过每小时行驶200千米的铁路列车。它的运行速度慢于磁悬浮列车，但却比普通

列车要快2～3倍，而且还拥有省燃料、快捷、安全、舒适等许多优点，得到了政府的大力提倡。

　　全世界最早的高速列车是1964年在日本开通的新干线列车。行驶在新干线上的电气化列车又被人们称为子弹火车，这是因为它速度非常快，像出膛的子弹一般。随着时间推移，我国的京沪高速铁路客运专线在2011年6月30日正式开通运营，随后，京津城际、武广高铁、郑西高铁、沪宁城际高铁等陆续开通运营，这表明，我国高铁正快速发展。

动车组好快啊

以前我们见到的列车只有火车头,完全依靠车头的牵引力行驶,因此正常行驶速度只在80千米/小时左右。之所以速度不快是因为只有机车有动力,后面的车厢没有动力。而现在,我国运行的"和谐号"动车组列车却采用了动力分散技术,即把动力装置分散安装在车厢上,把几节自带动力的动车加几节不带动力的拖车编成一组,形成两端都可以驾驶,所以运行速度大大提高,可达200千米/小时。

200KM/小时

和谐号

铁轨下的石子儿好有用

小朋友们坐火车时一定看到火车轨道上铺了好多石子儿吧。别看这些石子儿小,它的用途可大着呢。首先,在枕木上铺上石子儿,一是可以避免路面因受到外来挤压而变形,让火车能够平稳、安全地行驶;二是下雨时,石子儿之间的缝隙可以及时将雨水排出去,避免枕木被泡软而使铁轨抬起来,避免火车出事故;三是铁轨下的石子儿可以防止野草丛生,让火车保持畅通无阻的行驶状态,准时到达终点。

地铁
为什么在地下穿行

　　在一些大的城市，我们往往能看见一种非常像火车的交通工具。它们不是在路面上行驶，而是在城市的地下穿行，这到底是怎么一回事呢？

　　这种与火车相像的交通工具人们称其为地铁。它主要是从城市的地下穿行，着重缓解路面的道路拥堵。19世纪初期，由

于经济的高速发展，伦敦城市道路也出现很严重的拥堵状况，需要出行的居民越来越感到不便。1847年，法官查理斯想出了一个绝妙的好点子——让火车进入地下。1850年，查理斯将这个主意写成提案交给政府。1863年，按照查理斯提案所设计的第一条地下铁道在伦敦正式运营。事与愿违，由于当时地铁以蒸汽机为动力，蒸汽机排出的水蒸气、煤炭燃烧产生的烟雾全积蓄在隧道内，排不出去。结果隧道内终日浓烟滚滚，气味呛人。为了发明一种不冒烟的列车，年近花甲的查理斯又开始对地铁进行改进设计，查理斯最终因积劳成疾，病死在自己的设计图纸前。

不久后，电动机出现了，1896年，在匈牙利首都布达佩斯，诞生了世界上第一辆电动地铁。它因为行驶速度快，没有污染，受到城市居民一致欢迎。从此，世界各大城市中都出现了地铁的身影。

又过了几年，地铁的"兄弟" 轻轨出现了，轻轨一般不从地下穿行，而是行驶在地面上或高架桥上。那么，地铁和轻轨是一回事吗？

"地铁"全称是"地下铁道"，运行在地面下，"轻轨"则是"轻型轨道交通"的简称，它可以铺设在地上或地下。

其实，轻轨和地铁的区别，并不在于运行线路在地上还是在地下，也不在于钢轨的轻重，而是以载重量为划分标准的。轻轨所采用的往往是中等载客量的车厢，每节车厢可载客202人，超员时最多为224人，高峰时，每小时最大客流量为3万人

次。而地铁则采用大载客量的车厢，每节车厢可载客310人，超员时最多为410人，高峰时，每小时最大客流量可达到6万人次。此外，轻轨的载客车厢一般不超过6节，地铁的车厢数量则常常超过10节。

轻轨给城市交通增添了新的便利。2002年，一种无人驾驶的轻轨问世了，它的发明人是英国布里斯托尔大学的马丁·罗森教授。无人驾驶轻轨是一种计算机化的交通工具，它主要依靠电池供电。这种轻轨的优点在于，其行驶轨道非常窄，占据空间不大，特别适于拥挤堵塞严重的大都市。